BEI GRIN MACHT SICH IHR WISSEN BEZAHLT

- Wir veröffentlichen Ihre Hausarbeit,
  Bachelor- und Masterarbeit

- Ihr eigenes eBook und Buch -
  weltweit in allen wichtigen Shops

- Verdienen Sie an jedem Verkauf

Jetzt bei www.GRIN.com hochladen
und kostenlos publizieren

Jacques J. Lantin

Schriften zur Physik und Mathematik

Band 1

Komplexe Zahlen - Eine Einführung

GRIN Verlag

Bibliografische Information der Deutschen Nationalbibliothek:

Die Deutsche Bibliothek verzeichnet diese Publikation in der Deutschen National-
bibliografie; detaillierte bibliografische Daten sind im Internet über http://dnb.d-
nb.de/ abrufbar.

Impressum:

Copyright © 2011 GRIN Verlag GmbH
Druck und Bindung: Books on Demand GmbH, Norderstedt Germany
ISBN: 978-3-640-96920-3

Dieses Buch bei GRIN:

http://www.grin.com/de/e-book/175656/komplexe-zahlen-eine-einfuehrung

GRIN - Your knowledge has value

Der GRIN Verlag publiziert seit 1998 wissenschaftliche Arbeiten von Studenten, Hochschullehrern und anderen Akademikern als eBook und gedrucktes Buch. Die Verlagswebsite www.grin.com ist die ideale Plattform zur Veröffentlichung von Hausarbeiten, Abschlussarbeiten, wissenschaftlichen Aufsätzen, Dissertationen und Fachbüchern.

Besuchen Sie uns im Internet:

http://www.grin.com/

http://www.facebook.com/grincom

http://www.twitter.com/grin_com

Jacques Lantin

Inhaltsverzeichnis

Jacques Lantin

Vorwort

In dieser vorliegenden Arbeit behandle ich den Themenbereich der Zahlenmenge komplexer Zahlen. Hier ist zu beachten, dass kein Versuch gemacht wird die gesamte Thematik der komplexen Zahlen abzudecken, dies würde den gesetzten Rahmen überschreiten. Aufgrund dessen beschränke ich mich auf bestimmte Themenbereiche, welche sich gegenseitig bedingen und ergänzen.

2. Intention

Zur Darstellung und Erläuterung, was eine komplexe Zahl ist, zeige ich anhand der Gauß'schen Zahlenebene, welche ein gutes Veranschaulichungsmittel ist, Merkmale und Eigenschaften komplexer Zahlen auf.

Von enormer Wichtigkeit ist die Herausstellung der Vorstellung des algebraischen Rechnens mit komplexen Zahlen in der Gauß'schen Zahlenebene, da jenes bezüglich der Kerninhalte eine notwendige Voraussetzung darstellt. Dieses wird bereits zu Beginn erläutert.

Die vorangestellten Inhalte sollen es dem Leser ermöglichen sich ein Bild von den komplexen Zahlen zu machen und helfen, die darauf aufbauende Auseinandersetzung mit den Abbildungen komplexer Funktionen zu verstehen.

3. Was sind komplexe Zahlen?

Um das Wesen der komplexen Zahlen zu erfassen, schaue man sich zu Beginn folgende Gleichung an: $x^2 + 1 = 0$. Löst man die Gleichung nach x auf, so erhält man: $x = \sqrt{-1}$, wobei man allerdings auf das Problem stößt, dass die Wurzel aus einer negativen Zahl in den reellen Zahlen nicht definiert und die Gleichung somit in dieser Zahlenmenge nicht lösbar ist. *Wie soll das auch gehen? Dazu müsste das Quadrat einer Zahl negativ werden, welches, wie man in der Schule immer lernt, doch stets positiv ist.*

[1]Tatsächlich war es bis ins 16. Jahrhundert selbstverständlich, dass man sich bei Termen der Art $a + \sqrt{b}$ auf eine positive Zahl b beschränkte. Zu dieser Zeit „entdeckte Geronimo Cardano, (...), dass man Lösungen gewisser quadratischer Gleichungen bequemer ausrechnen konnte, wenn man sich – rein formal – mit Quadratwurzeln aus negativen Zahlen einließ" (Pierre Basieux. Die Top Seven der mathematischen Vermutungen. Reinbeck bei Hamburg

---

1-2. Pierre Basieux. Die Top Seven der mathematischen Vermutungen. S. 25-27

2004. S.25). Letztere unterscheiden sich allerdings maßgeblich von den reellen Zahlen, in deren Zahlenmenge die Wurzel aus einer negativen Zahl nicht definiert ist. Um eine Lösung dieser Gleichung zu erhalten, muss man den Zahlenbereich erweitern. Hierzu bezeichnet man die Zahl, deren Quadrat -1 ergibt als i. Also $i^2 = -1$. Somit lautet die Lösung der Gleichung $x^2 + 1 = 0$ nicht $\sqrt{-1}$, sondern schlicht und einfach i. Da die Zahl i weitaus weniger realitätsnah ist als reelle Zahlen, nennt man i auch die imaginäre Einheit mit der oben beschriebenen Eigenschaft.[2] Um von der imaginären Einheit i zu den komplexen Zahlen zu kommen wird vorerst einmal die allgemeine Lösung einer quadratischen Gleichung der Form $a \cdot z^2 + b \cdot z + c = 0$ betrachtet. Die Lösung mit Hilfe der p-q Formel ergibt: $z_{1,2} = -$

$\dfrac{b}{2 \cdot a} \pm \sqrt{\dfrac{b^2}{4 \cdot a^2} - \dfrac{c}{a}}$. Die verschiedenen Lösungen hängen nun von der sogenannten

Diskriminante (dem Term unter der Wurzel) ab. Bekannt ist, dass, wenn die Diskriminante D

> 0 ist (also $\dfrac{b^2}{4 \cdot a^2} > \dfrac{c}{a}$ ist), zwei reelle Lösungen $-\dfrac{b}{2 \cdot a} + D$ und $-\dfrac{b}{2 \cdot a} - D$ existieren.

Dementsprechend gibt es nur eine Lösung, nämlich $-\dfrac{b}{2 \cdot a}$, wenn die Diskriminante $D = 0$ ist.

In diesem Fall gilt $\dfrac{b^2}{4 \cdot a^2} = \dfrac{c}{a}$. Interessant ist nun der dritte Fall, nämlich $D < 0$, also $\dfrac{b^2}{4 \cdot a^2}$

$< \dfrac{c}{a}$. Formt man die Gleichung

$z_{1,2} = -\dfrac{b}{2 \cdot a} \pm \sqrt{\dfrac{b^2}{4 \cdot a^2} - \dfrac{c}{a}}$ etwas um zu: $z_{1,2} = -\dfrac{b}{2 \cdot a} \pm \sqrt{-1} \cdot \sqrt{\dfrac{c}{a} - \dfrac{b^2}{4 \cdot a^2}}$ ergibt sich unter

Beachtung, dass $\sqrt{-1} = i$ ist: $z_{1,2} = -\dfrac{b}{2 \cdot a} \pm i \cdot \sqrt{\dfrac{c}{a} - \dfrac{b^2}{4 \cdot a^2}}$, wobei der Wurzelausdruck positiv

ist und somit eine reelle Zahl darstellt. Als Ergebnisse einer negativen Diskriminante erhält man demnach zwei komplexe Zahlen. Ein konkretes Zahlenbeispiel wäre:

$4 \cdot z^2 + 2 \cdot z + 4 = 0 \quad \Leftrightarrow \quad z^2 + \dfrac{1}{2} \cdot z + 1 = 0$ \quad Die p-q Formel ergibt: $z_{1,2} =$

$-\dfrac{1}{4} \pm \sqrt{\dfrac{1}{16} - 1} \quad \rightarrow \quad z_{1,2} = -\dfrac{1}{4} \pm i \cdot \sqrt{\dfrac{15}{16}} \Leftrightarrow z_{1,2} = -\dfrac{1}{4} \pm i \cdot \dfrac{\sqrt{15}}{4}$ also ist $z_1 = -\dfrac{1}{4} + i \cdot \dfrac{\sqrt{15}}{4}$

und

$z_2 = -\dfrac{1}{4} - i \cdot \dfrac{\sqrt{15}}{4}$. Diese Art der Zusammensetzung aus einer imaginären Zahl und einer reellen Zahl nennt man eine komplexe Zahl (komplex = zusammengesetzt).

Jacques Lantin

II. Hauptteil

Grundlagen

1.1 Die Normalform einer komplexen Zahl

[1]Zwei Möglichkeiten eine komplexe Zahl darzustellen, nämlich einmal die trigonometrische Form und einmal die sogenannten Normalform werden in dieser Facharbeit betrachtet. Wie man im vorangegangenen Kapitel bereits gesehen hat, setzt sich eine komplexe Zahl aus einer reellen Zahl und der imaginären Einheit i (für die gilt: $i^2 = -1$), sowie deren Vorfaktor zusammen. Nehmen wir das Beispiel aus dem letzten Kapitel: $-\dfrac{1}{4} + i \cdot \dfrac{\sqrt{15}}{4}$. Um die folgenden Feststellungen auf alle komplexen Zahlen zu verallgemeinern, ist es sinnvoll das oben aufgeführte Beispiel einer komplexen Zahl in eine allgemeine Form zu bringen. Bezeichnet man die reelle Zahl $-\dfrac{1}{4}$ als a und den reellen Faktor vor i als b, so ergibt sich die allgemeine Normalform einer komplexen Zahl $z = a + i \cdot b$ .Wobei die reelle Zahl a den Realteil und das Produkt aus der reellen Zahl b und der imaginären Einheit i den Imaginärteil der komplexen Zahl ausmachen.[2]

1.2 Rechnen mit komplexen Zahlen

1.2.1 Einführung

[3]Wie rechnet man mit komplexen Zahlen? Gibt es neue „Rechenvorschriften" oder dürfen alte Regeln wie z.B. das Kommutativgesetz, das Assoziativgesetz oder das Distributivgesetz nicht mehr angewendet werden? Bei einer Erweiterung des Zahlenbereiches können die Antworten auf diese Fragen große Bedeutung haben. Fakt ist, dass die komplexen Zahlen es uns recht einfach machen, denn sie können genauso addiert, subtrahiert, multipliziert und dividiert

1-2. Pieper, Herbert. Die komplexen Zahlen. S.69.
3-4. Basieux, Pierre. Die Top Seven der mathematischen Vermutungen. S. 26 und
    Pieper, Herbert. Die komplexen Zahlen. S.69, 70.

werden wie reelle Zahlen. Diese Tatsache soll im folgenden Teil nicht bewiesen, sondern vielmehr anhand von ein paar Beispielen gezeigt werden.

1.2.2 Addition und Subtraktion

Gegeben seien zwei komplexe Zahlen $z_1 = a + i \cdot b$ und $z_2 = c + i \cdot d$ deren Summe $z_1 + z_2 = w$ ist. Für w ergibt sich demnach: $w = (a + i \cdot b) + (c + i \cdot d) \Leftrightarrow (a + c) + i \cdot (b + d)$ ersetzt man die Summe der reellen Zahlen a und c durch u und die Summe der reellen Zahlen b und d durch v, so erhält man wiederum eine reelle Zahl $w = u + i \cdot v$ in der Normalform. Dementsprechend ergibt sich für die Subtraktion:

$w = z_1 - z_2 \Rightarrow w = (a - c) + i \cdot (b - d)$. Genau wie bei der Addition kann man auch hier die zwei Subtraktionen von jeweils zwei reellen Zahlen zu einer neuen reellen Zahl zusammenfassen. Es ergibt sich also auch hier wieder eine komplexe Zahl. Addiert bzw. subtrahiert man die Imaginärteile und die Realteile zweier komplexer Zahlen, so erhält man eine dritte komplexe Zahl als Ergebnis der Addition bzw. der Subtraktion.[4]

1.2.3 Multiplikation und Division

Gegeben seien zwei komplexe Zahlen $z_1 = a + i \cdot b$ und $z_2 = c + i \cdot d$, deren Produkt $z_1 \cdot z_2 = w$ ist. Für w ergibt sich also:

$w = (a + i \cdot b) \cdot (c + i \cdot d) = a \cdot c + i \cdot a \cdot d + i \cdot b \cdot c + i^2 \cdot b \cdot d$

Unter Beachtung, dass $i^2 = -1$ ist, gilt:

$w = (a \cdot c - b \cdot d) + i \cdot (a \cdot d + b \cdot c)$. Da die beiden Terme in den Klammern jeweils eine reelle Zahl darstellen, ist das Produkt zweier reeller Zahlen z_1 und z_2 in der Normalform wieder eine komplexe Zahl.

Folgende Umformung zeigt, dass für eine Division genau dasselbe gilt:

$$w = \frac{z_1}{z_2} = \frac{a + i \cdot b}{c + i \cdot d} = \frac{(a + i \cdot b) \cdot (c - i \cdot d)}{(c + i \cdot d)(c - i \cdot d)} = \frac{a \cdot c - i \cdot a \cdot d + i \cdot b \cdot c + b \cdot d}{c^2 + d^2}$$

$$w = \left(\frac{a \cdot c + b \cdot d}{c^2 + d^2} \right) + i \cdot \left(\frac{b \cdot c - a \cdot d}{c^2 + d^2} \right)$$

1-2. Basieux, Pierre. Die Top Seven der mathematischen Vermutungen. S.26

Wie man sehen kann, erhält man aus dem Quotient der komplexen Zahlen z_1 und z_2 ebenfalls eine komplexe Zahl, da die Terme in den Klammern reelle Zahlen sind.[2]

2. Die Gauß'sche Zahlenebene

2.1 Was ist die Gauß'sche Zahlenebene?

[1]Um zu verstehen, was die Gauß'sche Zahlenebene ist, macht es Sinn, sich erst einmal kurz vor Augen zu halten, was die kartesische (bzw. euklidische) Zahlenebene ist. Letztere besteht aus zwei senkrecht zueinander stehenden Achsen x und y, welche jeweils die reellen Zahlen (R) graphisch darstellen (siehe Bild 1 im Anhang) Diese Ebenen beschreiben das kartesische Produkt R^2. Die Gauß'sche Zahlenebene ist nun nichts anderes als eine imaginäre Achse über einer Reellen. Sie ist der Kartesischen äquivalent. (siehe Bild 2 im Anhang)[2]

2.2 Darstellung der komplexen Zahlen in der Gauß'schen Zahlenebene

[1]Wie bereits im vorherigen Kapitel erwähnt, setzt sich die Gauß'sche Zahlenebne aus einer reellen und einer imaginären Achse zusammen. Da sich komplexe Zahlen aus einem Realteil und einem Imaginärteil zusammensetzen, lassen sie sich gut in der Gauß'schen Zahlenebene darstellen. Dies wird im Folgenden, ausgehend von einem ähnlichen, bereits bekannten Sachverhalt der kartesischen Ebene gezeigt. Die Zuordnung einer reellen Zahl x zu einer zweiten reellen Zahl y, wird als Punkt P(x/y) in der kartesischen Ebene dargestellt. Ordnet man beispielsweise der reellen Zahl 3 die reelle Zahl 2 zu,
so erhält man in der kartesischen Ebene die Darstellung dieser Zuordnung, nämlich den Punkt P(3/2) (siehe auch Bild 3 im Anhang). Möchte man eine in R definierte Funktion darstellen, ist dies

---

1-2. Pierre Basieux. Die Top Seven der mathematischen Vermutungen. S. 26

Jacques Lantin

nichts weiter als der Graph, auf dem alle Zuordnungen liegen, welche die Funktion vorschreibt. Im Gegensatz zu den reellen Zahlen, die sich geometrisch durch eine Zahlengerade darstellen lassen, können komplexe Zahlen als Punkte in der Gauß'schen Zahlenebene interpretiert werden. Komplexe Zahlen sind also äquivalent zu Punkten P(x, y) in der kartesischen Zahlenebene, das heißt jeder komplexen Zahl $z = (x, y) = x + i \cdot y$ entspricht der Punkt P(x, y) mit den Koordinaten x und y in der kartesischen Ebene und umgekehrt. Möchte man nun eine komplexe Zahl mit Realteil a und Imaginärteil $i \cdot b$ in der Gauß'schen Zahlenebene

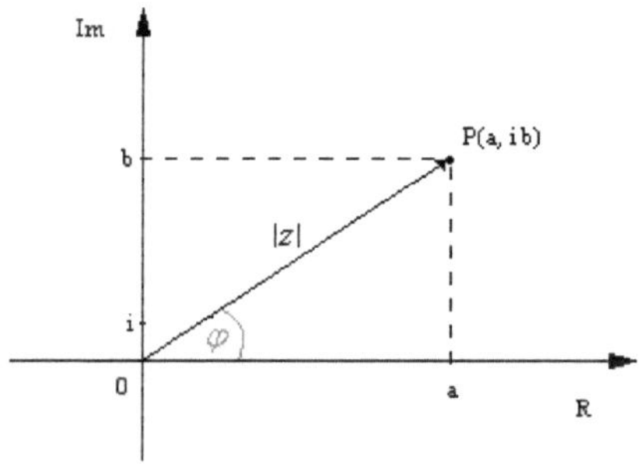

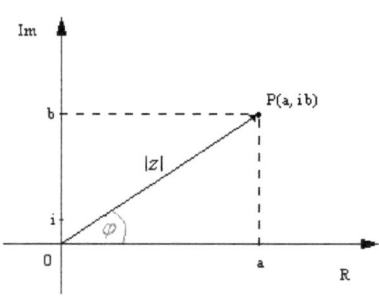

Bild 2.:Der Punkt P(a, i b) $= z = a + i \cdot b$ in der Gauß'schen Zahlenebene.

darstellen, so muss man den Realteil der komplexen Zahl auf der reellen Achse und den Imaginärteil auf der imaginären Achse abtragen um an den Punkt $P(a, i \cdot b)$ zu kommen, welcher der komplexen Zahl $z = a + i \cdot b$ entspricht.[2]

[1]Neben der oben genannten Möglichkeit eine komplexe Zahl zu interpretieren, kann man komplexe Zahlen auch durch Vektoren bestimmter Länge mit bestimmtem Phasenwinkel zur positiven reellen Achse beschreiben. Die Länge

des Vektors, der eine komplexe Zahl z beschreibt nennt man den Betrag von z. Der Vektor, der die Zahl $z = a + i \cdot b$ darstellt, ist die Gerade vom Ursprung zum Punkt P $(a, i \cdot b)$. Aufgrund des Satzes von Pythagoras gilt für $|z|$:

Bild 1.: Der Betrag der komplexen Zahl z und das

1-2. Ilse Rapsch. Komplexe Zahlenmengen und ihre Abbildungen. S. 22

Argument φ

$$|z|^2 = a^2 + b^2 \text{ und:}$$

$$|z| = \left|\sqrt{a^2 + b^2}\right| \text{ Da der Betrag}$$

der komplexen Zahl die Länge des Vektors beschreibt, kann er nur positiv sein.

Mit dem Winkel φ und dem Betrag der komplexen Zahl kann man eine komplexe neben der

bereits bekannten Normalform $z = a + i \cdot b$ auch anders darstellen. Schaut man sich Bild 1 an,

so ist erkennbar, dass

$a = |z| \cdot \cos\varphi$ und $b = |z| \cdot \sin\varphi$ ist. Für eine komplexe Zahl z gilt also:

$z = |z| \cdot \cos\varphi + i \cdot |z| \cdot \sin\varphi$ und damit $z = |z| \cdot (\cos\varphi + i \cdot \sin\varphi)$. Diese Darstellung nennt man

die trigonometrische Form einer komplexen Zahl. [2]

2.3 Rechnen mit komplexen Zahlen in der Gauß'schen Zahlenebene

2.3.1 Einführung

Bekannt ist bereits, dass die Darstellung reeller Zahlen als Zahlengerade möglich ist und das

eine Rechenoperation wie zum Beispiel eine Addition gut auf dieser Gerade dargestellt

werden kann. Hierzu betrachtet man einen Summanden auf der Zahlengeraden. Ist nun der

zweite Summand, also die zu

addierende Zahl größer Null, geht man um den Betrag nach rechts, ist sie kleiner Null geht

man um den Betrag nach links. Letzteres wäre demnach die

Subtraktion als umgekehrte Addition. Möchte man zum Beispiel die Addition

(-3) + 9 graphisch darstellen (siehe Bild 4 im Anhang), so müsste man auf dem Zahlenstrahl von

der −3 aus um 9 Einheiten nach rechts gehen. Auf diese Weise erhält man das Ergebnis 6. Da,

wie bereits veranschaulicht wurde, für reelle und komplexe Zahlen die gleichen

Rechenoperationen zulässig sind und letztere für die reellen Zahlen graphisch gut

veranschaulicht werden können, stellt sich nun die Frage, ob und wie man Rechenoperationen

komplexer Zahlen in der Gauß'schen Zahlenebene darstellen kann. In den Folgenden Kapiteln

sollen keine Beweise geführt werden. Vielmehr soll gezeigt werden, wie das Rechnen mit

komplexen Zahlen in der Gauß'schen Zahlenebene funktioniert.

2.3.2 Addition und Subtraktion

[1]Um herauszufinden welche geometrischen Operationen welchen Rechenregeln mit komplexen Zahlen entsprechen, wird zu Beginn ein konkretes Beispiel betrachtet. Gegeben seien zwei komplexe Zahlen $z_1 = 3 + i \cdot 2$ und $z_2 = -4 + i \cdot 3$ für die gilt:

$z_1 + z_2 = w = -1 + i \cdot 5$. Um eine geometrische Operation für eine Addition abzuleiten, betrachte man die Anordnung der Punkte in der Gauß'schen Zahlenebene. In Bild 1 sind die komplexen Zahlen z_1, z_2 und deren Summe w dargestellt.[2]

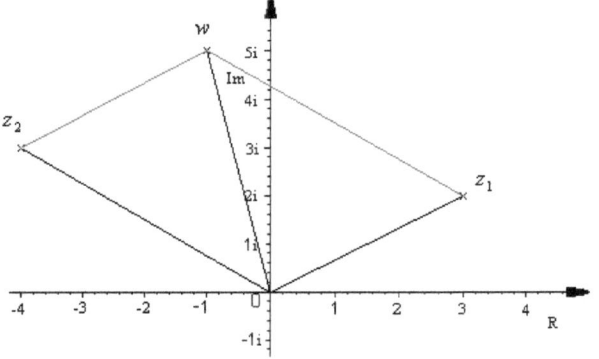

Bild 1.: Das Kräfteparallelogramm, welches bei der Addition $z_1 + z_2$ entsteht.

[1]Schaut man sich die Anordnung der zwei Summanden in Bezug zur Summe an, so erkennt man einen geometrischen Zusammenhang, der in der Physik oft Anwendung findet und in Zusammenhang mit Kräften, die als Vektoren dargestellt werden, als Kräfteparallelogramm bezeichnet wird. Dieses Kräfteparallelogramm wird in Bild 1 verdeutlicht. Komplexe Zahlen können also, genau wie Kräfte in der Physik, durch Parallelverschiebung von Vektoren addiert werden. An dem obigen Beispiel verdeutlicht hieße das, dass man einen der Summanden so parallel verschiebt, dass der Punkt P(0/0) seines Vektors auf dem Punkt des anderen Summanden liegt, der letzteren beschreibt. Der Endpunkt des parallelverschobenen Summanden beschreibt dann die komplexe Zahl als Ergebnis der Addition. Der Subtraktion als umgekehrte Addition liegt das Gleiche Prinzip zu Grunde, da gilt:

$z_1 - z_2 = z_1 + (-z_2) = w$. Diese simple Umformung zeigt, dass eine Subtraktion nichts weiter

---

1-2. Ilse Rapsch. Komplexe Zahlenmengen und ihre Abbildungen. S. 21-23
1-2. Ilse Rapsch. Komplexe Zahlenmengen und ihre Abbildungen. S. 21-23

ist als eine Addition, wobei der Vektor, der als Subtrahend fungiert, um 180° um den Ursprung gedreht ist[2]. (Siehe dazu auch Bild 5 im Anhang)

2.3.3 Multiplikation und Division

[3]Die Konstruktion einer Multiplikation oder einer Division in der Gauß'schen Zahlenebene ist weitaus aufwendiger als die der Addition oder Subtraktion. Daher soll an dieser Stelle eine schlichte Beschreibung ausreichen. Kurz gefasst „erhält man das Produkt zweier komplexer Zahlen, indem man ihre Beträge multipliziert und ihre Argumente (Winkel) addiert." (Pierre Basieux. Die Top Seven der mathematischen Vermutungen. S.27). Bildet man also das Produkt w zweier komplexer Zahlen z_1 und z_2, dann gilt:

$|w| = |z_1| \cdot |z_2|$ und $\varphi_w = \varphi_{z_1} + \varphi_{z_2}$. Man erhält also einen in der Gauß'schen Zahlenebene eindeutig bestimmten Punkt und somit eine komplexe Zahl w als Produkt. Genau wie die Subtraktion zur Addition ist die Division die Umkehrung der Multiplikation. Daher wäre es logisch anzunehmen, dass die Argumente bei der Division nicht addiert, sondern subtrahiert und die Beträge nicht multipliziert, sondern dividiert werden. Bildet man also den Quotient w zweier komplexer Zahlen z_1 und z_2, so gilt: $|w| = \dfrac{|z_1|}{|z_2|}$ und $\varphi_w = \varphi_{z_1} - \varphi_{z_2}$.[4] Man erhält wiederum einen eindeutig bestimmten Punkt auf der Gauß'schen Zahlenebene und somit eine komplexe Zahl w als Quotient.

2.4   Geometrische Figuren in der Gauß'schen Zahlenebene

Da im Folgenden untersucht werden soll, wie sich die Anwendungen komplexer Funktionen auf geometrische Figuren komplexer Zahlen auswirken ist es zunächst wichtig zu klären, was mit „geometrischen Figuren" überhaupt gemeint ist. Eine geometrische Figur komplexer Zahlen ist eine Anordnung komplexer Zahlen in der Gauß'schen Zahlenebene (siehe auch Bild 6 im Anhang). Damit alle Erkenntnisse der folgenden Untersuchungen auf alle geometrischen Figuren verallgemeinert werden können, wird ausschließlich die geometrische Figur eines Dreiecks verwendet, da sich alle Figuren auf Dreiecke reduzieren lassen.

3-4. Ilse Rapsch. Komplexe Zahlenmengen und ihre Abbildungen. S. 31-34

3. Komplexe Funktionen

3.1 Einführung

Bis zu diesem Kapitel wurden wichtige Eigenschaften der komplexen Zahlen erläutert. *Doch was macht man nun damit?* Bekannt ist, dass durch Funktionen, die in der reellen Zahlenmenge definiert sind Abläufe oder Bestandsveränderungen beschrieben werden können. In Bezug auf die komplexen Zahlen ist, bevor man sich Gedanken um eine praktische Anwendung macht, zu klären, was eine komplexe Funktion überhaupt ist und welche Wirkungen sie erzielt. Bei einer komplexen Funktion wird eine Ebene (im Folgenden die z-Ebene genannt) auf eine andere Ebene (im Folgenden die w-Ebene genannt) abgebildet. Dies benötigt eine vierdimensionale Anschauung. Um dies zu umgehen, werden die beiden Ebenen vereinfachend „übereinander" gelegt, dass heißt Parameter und Funktionswert werden in einer Ebene dargestellt. Dabei wird die Wirkung zunächst einfacher Abbildungsvorschriften auf geometrische Figuren in der Gauß'schen Zahleneben untersucht. Mit den danach folgenden Untersuchungen sollen die gewonnenen Kenntnisse vertieft werden.

3.2 Anwendung komplexer Funktionen auf geometrische Figuren komplexer Zahlen

3.2.1 Verschiebung von Körpern

Vor dem Versuch Abbildungsvorschriften zu finden, die entweder eine Verschiebung auf bzw. entlang der reellen oder imaginären Achse beschreiben, macht es Sinn sich zu erinnern, wie eine die Verschiebung einer reellen Funktion auf der x bzw. y Achse zustande kommt. Verschiebt man den Graphen einer Parabel auf der y-Achse und vergleicht ihn mit deren Funktionsterm, stellt man fest, dass eine Parabel der Form $f(x) = x^2 + c$ für $c > 0$ nach „oben verschoben" ist. Für $c < 0$ nach „unten". Die Betrachtung des gesamten Graphen gilt natürlich auch für jeden einzelnen Punkt, bei dem die x-Koordinate unverändert, die y-Koordinate jedoch verändert wird. Da bereits festgestellt wurde, dass sich Punkte im kartesischen Koordinatensystem und komplexen Zahlen in der Gauß'schen Zahlenebene entsprechen, können wir den obigen Sachverhalt auch auf komplexe Zahlen bzw. auf geometrische Figuren komplexer Zahlen anwenden. Gegeben sei ein Dreieck in der z – Ebene, welches durch die komplexen Zahlen $z_1 = 1 + i$,

$z_2 = 3 + i \cdot 3$ und $z_3 = 2,5 + i \cdot 0,5$ beschrieben wird. Verschiebt man nun dieses Dreieck parallel zur imaginären Achse um eine Einheit nach oben, so beschreiben folgende komplexe Zahlen die Abbildung:

$w_1 = 1 + i \cdot 2$, $w_2 = 3 + i \cdot 4$ und $w_3 = 2,5 + i \cdot 1,5$ (siehe auch Bild 7 im Anhang). Man erkennt, dass jeder Imaginärteil der drei komplexen Zahlen w der Abbildung im Vergleich zu dem der komplexen Zahlen z um i „gewachsen" ist. Diese Veränderung wird durch die Funktion $f(z) = z + i$ dargestellt. Verallgemeinert man dies, so erhält man die Funktion $f(z) = z + n \cdot i$, mit $n \in \Re$, wobei der Betrag von n die „Verschiebungsweite" und das Vorzeichen die Richtung bestimmt. Für n > 0 wird die Figur auf der imaginären Achse gegen $+ \infty$ verschoben. Für n < 0 gegen $- \infty$. Derartige Verschiebungen gibt es natürlich auch auf der reellen Achse. Sie werden ähnlich beschrieben: $f(z) = z + n$, mit $n \in \Re$, wobei für n hier dasselbe gilt wie bei einer Verschiebung auf der imaginären Achse.

3.2.2 Drehung um den Ursprung

Ein wenig spektakulärer als Verschiebungen sind Drehungen. Mit „Drehung" ist hier eine Rotation (gegen den Uhrzeigersinn mit gleichbleibendem Radius) um einen (bestimmten) Punkt in der Gauß'schen Zahlenebene gemeint. Erinnert man sich an die Multiplikation komplexer Zahlen in der Gauß'schen Zahlenebene, findet man schon eine Art Drehung, denn man multipliziert eine komplexe Zahl, indem man ihre Argumente addiert und ihre Beträge multipliziert. Das Addieren der Argumente bedeutet ja nichts anderes als eine Drehung um einen bestimmten Winkel. Das Einzige, was an der Definition der Multiplikation in Bezug auf die Drehung stört, ist die Multiplikation der Beträge. Ändert sich dieser, so ist es keine Rotation mehr um einen bestimmten Punkt, wie eine Drehung oben definiert wurde. Die Lösung liegt auf der Hand, wenn man sich klar macht, dass das Produkt zweier Faktoren gleich dem Betrag eines Faktors ist, wenn der andere Faktor den Betrag eins hat. Eine Drehung um einen bestimmten Winkel ist also eine Multiplikation mit einer komplexen Zahl

z für die gilt: $|z| = 1$, wobei das Argument φ der komplexen Zahl die Gradzahl der Drehung

bestimmt. Alle komplexen Zahlen deren Betrag 1 ist, liegen auf einem Kreis, dem

sogenannten Einheitskreis. Diese Erkenntnisse für die Drehung einer komplexen Zahl, soll

nun auch für eine geometrische Figur in der Gauß'schen Zahlenebene gezeigt werden.

Gegeben sei ein Dreieck mit $z_1 = 1 + i$, $z_2 = 3 + i \cdot 3$ und $z_3 = 2,5 + i \cdot 0,5$. Zur besseren

Veranschaulichung wird hier die Drehung um 90° gewählt. Eine Drehung um 90° würde eine

Multiplikation mit einer komplexen Zahl $z = |z| \cdot (\cos(90°) + i \cdot \sin(90°))$ bedeuten, da der

Betrag von z = 1 ist gilt: $z = (0 + i \cdot 1) = i$. Das heißt eine Multiplikation mit i ist eine Drehung

um 90° um den Ursprung (siehe auch Bild 8 im Anhang). Es gilt: $f(z) = z \cdot i$. Für ein Dreieck

mit $z_1 = 1 + i$, $z_2 = 3 + i \cdot 3$ und $z_3 = 2,5 + i \cdot 0,5$, würde das bedeuten:

$f(z_1) = z_i \cdot i = w_1 = -1 + i$, $f(z_2) = z_2 \cdot i = w_2 = -3 + i \cdot 3$ und

$f(z_3) = z_3 \cdot i = w_3 = -0,5 + 2,5 \cdot i$. Zusammenfassend sei bemerkt: Die Abbildung der

Drehung einer geometrischen Figur (um den Ursprung) um den Winkel φ erreicht man,

indem man mit einer komplexen Zahl $z = \cos(\varphi) + i \cdot \sin(\varphi)$ multipliziert.

3.2.3 Drehung um einen beliebigen Punkt mit beliebigem Winkel

Etwas schwieriger als eine Drehung um den Ursprung ist eine Drehung um einen beliebigen

Punkt der Gauß'schen Zahlenebene. Um eine allgemeine Funktion für die Drehung um einen

beliebigen Punkt zu finden, wird zunächst einmal ein konkreter Punkt und eine bestimmte

Drehung betrachtet, nämlich eine Drehung, die durch den Ursprung geht, also als Radius den

Betrages des „Mittelpunktes" hat. Hierzu sei der Mittelpunkt die komplexe Zahl $m = 2 - i$

und der Radius demnach $|m| = \sqrt{5}$. Des Weiteren muss festgelegt werden, um welchen

Winkel gedreht wird, da die Drehung um 90° schon bekannt ist, wird er auch im Folgenden

vorerst verwendet. Hätten wir die Funktionsgleichung schon, würde jeder Punkt auf dem oben

beschriebenen Kreis, der in die Funktion eingesetzt würde, um 90° gedreht werden. Setzt man also

„fiktiv" einmal den Punkt P(0/0) ein, so müsste dieser um 90° gedreht werden. An dieser

Stelle erkennt man, dass es sich in diesem Fall nicht nur, wie bei der Drehung um den

Jacques Lantin

Ursprung, um eine schlichte Multiplikation handeln kann, denn dann würde das Einsetzen von „0" nicht das richtige Ergebnis (sondern 0) liefern. Das Ergebnis lässt sich leicht am Kreis konstruieren (siehe Bild 9 im Anhang). Es ist die komplexe Zahl $w_0 = 1 - i \cdot 3$. Das heißt, nebst der notwendigen Multiplikation muss die Funktion auch noch eine Addition enthalten. In diesem speziellen Fall könnte die Funktion derart aussehen: $f(z) = z \cdot i + (1 - i \cdot 3)$, wobei für z lediglich Punkte eingesetzt werden dürften, die auf dem Kreis liegen. Das Einsetzen von Punkten und vergleichen mit einer graphischen Konstruktion bestätigt, dass die oben aufgeführte Funktion stimmt. Allerdings ist letztere noch ziemlich eingeschränkt und speziell. Zunächst soll versucht werden die Funktion für beliebige Winkel aufzustellen. Eine derartige Funktion könnte man so skizzieren: $f(z) = z \cdot (\cos\varphi + i \cdot \sin\varphi) + x$, wobei x die komplexe Zahl ist, welche die Funktion annimmt, wenn man 0 einsetzt und φ der Winkel um den gedreht werden soll. An dieser Stelle tritt das Problem auf, das sich die komplexe Zahl x für jeden „Drehwinkel" φ verändert. Es ist also notwendig x in Abhängigkeit von φ auszudrücken. Betrachtet man Bild 10 im Anhang, erkennt man, dass gilt: $|x| = 2 \cdot \sin\left(\dfrac{\varphi}{2}\right) \cdot r$

(r ist der Radius, in diesem Fall der Betrag der komplexen Zahl m, die den Mittelpunkt darstellt). Um die komplexe Zahl x eindeutig zu bestimmen benötigt man noch ihr Argument. Es gilt:

$\varphi_x = \varphi_m - 90 + \dfrac{\varphi}{2}$, mit $0 < \varphi < 180$, wobei φ_x das Argument von x und φ_m das von m ist.

Für die komplexe Zahl x ergibt sich demnach:

$x = r \cdot 2 \cdot \sin\left(\dfrac{\varphi}{2}\right) \cdot \left(\cos(\varphi_m - 90 + \varphi \div 2) + i \cdot \sin(\varphi_m - 90 + \varphi \div 2)\right)$. Für die komplexe Funktion ergibt sich daraus:

$f(z) = z(\cos\varphi + i \cdot \sin\varphi) + 2r\sin\left(\dfrac{\varphi}{2}\right) \cdot \left(\cos(\varphi_m - 90 + \dfrac{\varphi}{2}) + i \cdot \sin(\varphi_m - 90 + \dfrac{\varphi}{2})\right)$ Bei der

Anwendung dieser Funktion ist es notwendig vorher einen Mittelpunkt m festzulegen und φ_m zu bestimmen.

Weiterhin ist zu beachten, dass wenn man den Radius festlegt, es nur sinnvoll ist, komplexe Zahlen einzusetzen, die auf dem Kreis liegen. Für diese komplexen Zahlen p gilt: $p = r \cdot (\cos\varphi + i \cdot \sin\varphi) + m$. Hat man eine komplexe Zahl, von der man ausgehen möchte, muss man den entsprechenden Radius r erst ermitteln. Der Radius ist dann die Strecke zwischen der komplexen Zahl und dem Mittelpunkt, also die Wurzel aus der Summe der Quadrate der Differenzen der Imaginärteile und Realteile. Wendet man diesen Sachverhalt auf

Jacques Lantin

ein Dreieck in der Gauß'schen Zahlenebene an, was im folgenden nicht mehr gezeigt werden soll, so ist darauf zu achten, dass, wenn die Eckpunkte einen unterschiedlichen Radius haben, die Funktion mehrmals, das heißt auf jeden Punkt einzeln, angewendet werden muss.

3.2.3 Beispiel einer vierdimensionalen Darstellung einer komplexen Funktion.

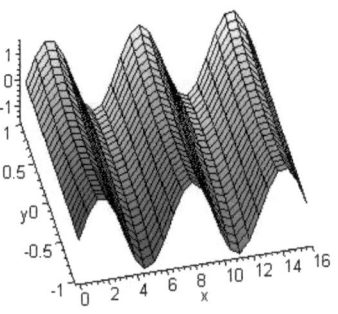

Bild 1.: Beispiel einer 4 dimensionalen Darstellung einer Funktion

In Bild 1 ist die komplexe Funktion $f(z) = \sin(z)$ abgebildet. Da ein Punkt einer Fläche auf eine Andere Fläche abgebildet wird, müsste der Graph dieser Zuordnung vierdimensional sein. Um dieses Darstellungsproblem zu lösen, benutzt man die Farbe um eine vierte Dimension auszudrücken.

Komplexe Funktionen können ziemlich „spektakuläre" Graphen haben, wie z.B.:

15

Jacques Lantin

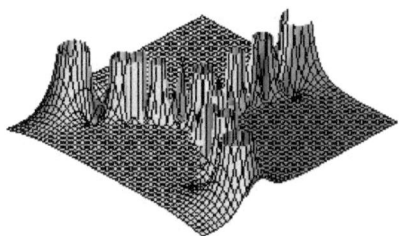

Bild 2.: Eine komplexe Funktion von Newton

2. Literaturverzeichnis

1.) Basieux, Pierre. Die Top Seven der mathematischen Vermutungen. Reinbeck bei Hamburg (Rowohlt Verlag GmBH), September 2004.

2.) Pieper, Herbert. Die komplexen Zahlen Theorie-Praxis-Geschichte. 3 Auflage. Frankfurt am Main (Deutsch), 1999

3.) Rapsch, Ilse. Komplexe Zahlen und ihre Abbildungen – Der Versuch ein Kapitel der höheren Mathematik verständlich zu machen.

3. Anhang

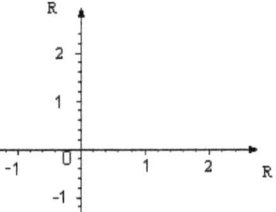

Bild 1.: Die kartesische Zahlenebene

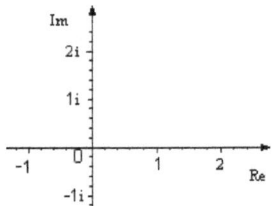

Bild 2.: Die Gauß'sche Zahlenebene

Jacques Lantin

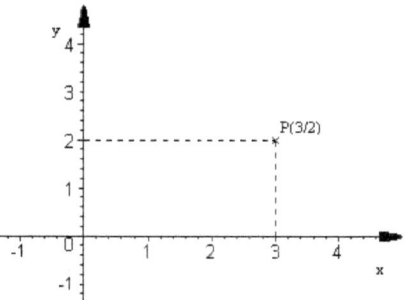

Bild 3.: Der Punkt P(3/2) in der kartesischen Ebene.

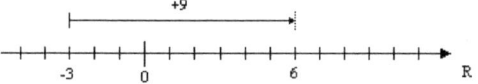

Bild 4.: Die Graphische Darstellung der Addition $(-3) + 9 = 6$
auf einer Zahlengeraden.

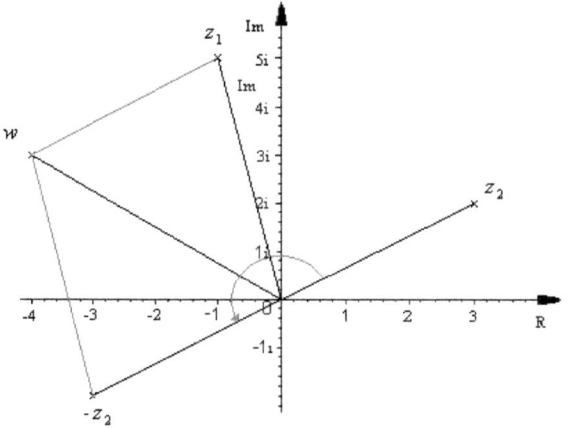

Bild 5.: Die Subtraktion $z_1 - z_2 = w$ als umgekehrte Addition

Jacques Lantin

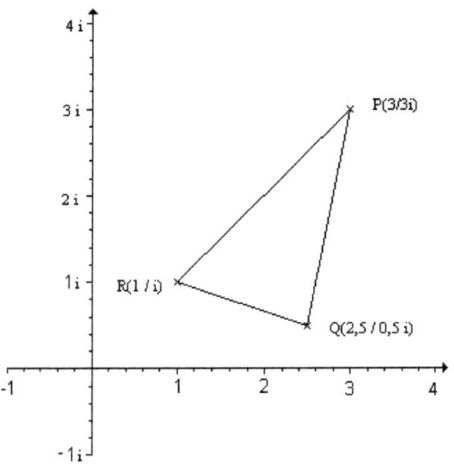

Bild 6.: Ein willkürliches Dreieck als Beispiel einer
„geometrischen Figur"

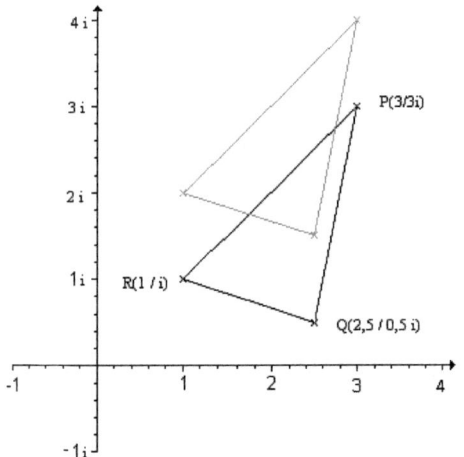

Bild 7.: Die Verschiebung eines Dreiecks in der Gauß'schen
Zahlenebene.

Jacques Lantin

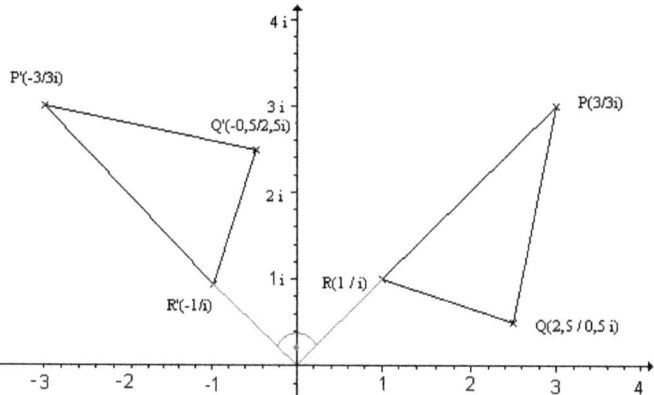

Bild 8.: Eine Drehung um 90° um den Ursprung.

Jacques Lantin

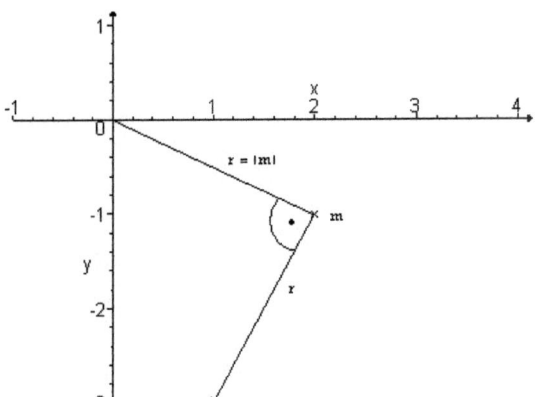

Bild 9.: Die Konstruktion der Drehung des Ursprungs

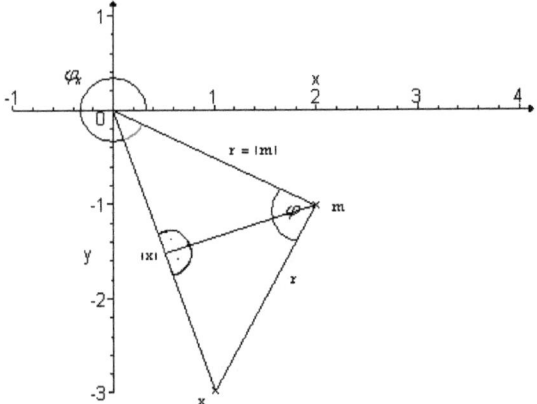

Bild 10.: Ermittlung des Punktes x.